芦笋美食100例

于继庆 主编

济南出版社

图书在版编目（CIP）数据

芦笋美食100例 / 于继庆主编 . —济南：济南出版社，2014.8

ISBN 978-7-5488-1322-4

Ⅰ. ①芦… Ⅱ. ①于… Ⅲ. ①石刁柏—营养价值 ②石刁柏—食谱 Ⅳ. ① R151.3 ② TS972.123

中国版本图书馆 CIP 数据核字 (2014) 第 196527 号

责任编辑　张所建
封面设计　侯文英

出版发行　济南出版社
地　　址　济南市二环南路1号（250002）
网　　址　www.jnpub.com
印　　刷　山东旅科印务有限公司
版　　次　2014年8月第1版
印　　次　2014年8月第1次印刷
开　　本　140mm × 203mm　1/32
印　　张　4
字　　数　76千
定　　价　19.80元
法律维权　0531-82600329

作者简介

于继庆，男，1963年9月出生，中共党员，山东安丘人。毕业于莱阳农学院农学系，1986年7月分配到潍坊市农科院从事芦笋育种及栽培技术研究工作至今。农业推广硕士，研究员。现任潍坊市农科院副院长、中国园艺学会芦笋分会副理事长、国家芦笋行业专项执行专家、山东省芦笋研究中心副主任、潍坊市专家协会理事、潍坊市政协委员。

长期从事芦笋新品种的选育与推广工作，是国内知名芦笋专家，已从事芦笋研究近30年，为我国芦笋新品种的选育、推广及配套栽培技术研发做出了重要贡献。先后主持参加省以上科研攻关项目30余项，选育出了“鲁芦笋一号”、“芦笋王”等系列优良芦笋新品种；在省级以上学术刊物发表论文40余篇，主编了《芦笋栽培及加工新技术》、《芦笋金针菜出口标准与生产技术》、《中国芦笋研究与产业发展》、《芦笋高效育种与配套栽培新技术》等专业书籍；获国家科技进步奖1项、农牧渔业丰收奖1项，省科技进步奖7项，市科技进步奖3项、星火奖4项，其中《芦笋二倍体、多倍体、全雄新品种培育及产业化开发》获2002年国家科技进步二等奖；获山东省“富民兴鲁”劳动奖章、山东省有突出贡献中青年专家荣誉称号，享受国务院特殊津贴。

编委会

前　言

芦笋（石刁柏）是一种高级营养保健蔬菜，在世界上享有“蔬菜之王”的美称，是世界十大名菜之一。芦笋嫩茎质地细嫩，纤维柔软可口，有独特的芳香气味，含有丰富的营养成分和多样的化学成分，其蛋白质、维生素、矿物质等成分的含量均优于其他水果和蔬菜，具有高维生素、高膳食纤维、高矿物质、低糖、低脂的营养特点，长期食用具有调节免疫、抗癌、抗突变、抗衰老、降血脂等多种功效，是一种药用价值极高的多年生保健蔬菜，是药食两用植物的典型代表，深受广大消费者喜爱。

我国自 20 世纪 70 年代开始大量引种芦笋，虽然种植历史并不长，但由于我国种植芦笋具有得天独厚的自然条件和充足的劳动力资源，因而芦笋栽培面积增长很快。目前，栽培面积较大的有山西、山东、河北、福建、江西、浙江、北京、上海等省市。芦笋在国际市场上一直畅销不衰，近年来随着我国人民生活水平的不断提高，国内市场需求也越来越大，尤其是鲜芦笋，在北京、上海、济南、广州、南京、杭州等大中城市，年销量已达 20 万吨以上，市场潜力巨大。由于国内种植芦笋的时间较短，人们对芦笋了解不多，对如何食用芦笋更是知之甚少，因此，我们组织编写了这本《芦笋美食100例》。该书扼要介绍了芦笋的营养特点及保健作用，重点介绍了如何食用芦笋，目的就是想让广大读者了解芦笋、喜欢芦笋、会吃芦笋，让芦笋进入大众厨房、端上百姓餐桌，让国人共享这一世界名菜。该书由“国家公益性行业（农业）科研专项（201003074）”经费资助。

由于国内对芦笋食用方法的研究较少，加之作者水平所限，书中不足之处在所难免，敬请广大读者批评指正。

编　者

2013年12月26日

芦笋大田

绿芦笋

紫芦笋

采收白芦笋

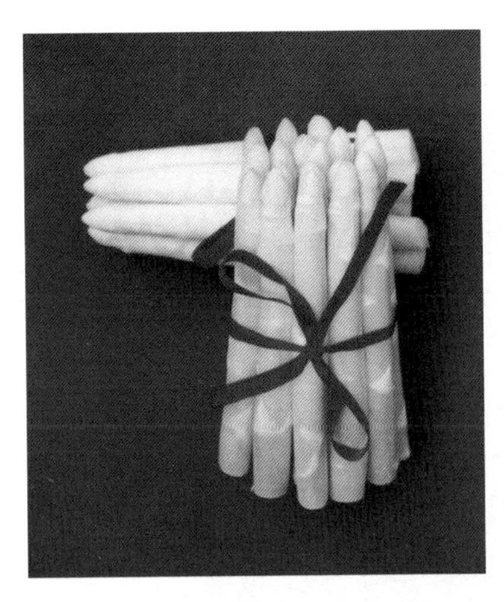
采收后的白芦笋

采收后的绿芦笋

采收后的紫芦笋

目　录

一、概述

芦笋学名石刁柏（*Asparagus officinalis*），属百合科、天门冬属，是雌雄异株宿根性多年生植物。芦笋本是指石刁柏的嫩茎，因其嫩茎形似芦苇的嫩茎和竹笋，故国内很多人将石刁柏改称为芦笋。据考证，芦笋原生于欧洲地中海沿岸及亚洲的安纳托利亚一带，在公元前2世纪，罗马人便将它制成干品食用。而最早把芦笋作为蔬菜食用的是古希腊人，当他们把芦笋作为蔬菜食用时给它取名为“Asparagus”。经过长期的人工栽培驯化和选择，大约到16世纪，在荷兰首先形成了芦笋的栽培品种。此后，欧洲大陆便开始大量栽培，使芦笋成为欧洲许多国家的传统食品之一。

芦笋嫩茎质地细腻、纤维柔软、风味鲜美，能增进食欲、帮助消化，营养价值全面且丰富，深受世人的喜爱。在国际上，芦笋是公认的十大名菜之首，被冠以“蔬菜之王”、“珍稀蔬菜”、“国宴佳肴”、“防癌蔬菜”、“美容食品”、“富硒食品”等美名。芦笋含多种维生素和微量元素，含有丰富的抗氧化剂、免疫细胞激活剂以及正常细胞的生长调节剂等微量“BRM”（能激活自身免疫功能的物质），营养学家和素食界人士均认为它是健康食品和全面的抗癌食品。芦笋的药用价值在很早以前就被世人发现并应用。古代的高卢人、日耳曼人和不列颠人就将芦笋作为药用和强身健体的食品，我国的《神农本草经》也早有药用记载。国际癌症病友协会研究认为，芦笋可以使细胞生长正常化，具有防止癌细胞扩散的功能。用芦笋治淋巴癌、膀胱癌、肺癌、肾结石和皮肤癌有一定的疗效，对其他癌症如白血病等也有一定的效果。经常食用芦笋，对心脏病、高血压、心动过速、疲劳、水肿、膀胱炎、排尿困难、血管硬化、肾炎、胆结石、肝功能障碍和肥胖等病症都有一定的疗效。

传统芦笋消费以白芦笋为主，芦笋产品也以芦笋罐头为主。近些年来，随着饮食观念的转变，不少国家和地区的消费者转向食用绿芦笋。随着贮藏加工技术的不断提高，芦笋产品也呈现多样化：速冻芦笋、芦笋茶、芦笋酒、芦笋醋、芦笋汁、芦笋粉，以及由芦笋粉衍生出来的芦笋面条、芦笋馒头、芦笋煎饼等产品也应运而生，满足了不同人群的消费需求。据国际芦笋协会统计，目前欧洲每年需要进口20万吨芦笋，日本需进口5000吨，美国需进口10万吨，国际市场上对芦笋的需求量达到了50万吨左右，而且以每年5%～10%的速度递增。随着我国经济发展水平的不断提高，我国芦笋消费量近年来在大中城市有大幅提升。其中，2009年上海、北京蔬菜市场每天芦笋销量达到40~50吨，2010年达到70~100吨。随着人民生活水平的提高，绿色健康理念进一步深入人心，芦笋消费也将会逐步普及，市场潜力巨大。

二、芦笋的营养及保健作用

（一）芦笋的营养成分与特点

1. 芦笋的营养成分　芦笋中含有大量的维生素，如维生素C、维生素B_1、维生素B_2、维生素B_6、维生素A等，尤以维生素C含量最高，胡萝卜素、叶酸及维生素E含量也比较高。测定结果表明：芦笋的维生素B_1的含量是黄瓜的6倍，番茄、葡萄的8倍，白菜、梨的12倍，苹果、桃的24倍；维生素B_2的含量是白菜、黄瓜的9倍，番茄、桃的18倍，苹果、梨、葡萄的36倍；维生素C的含量是白菜的3倍，番茄的6倍，黄瓜、桃的9倍，梨的13倍；胡萝卜素的含量是番茄的2倍，黄瓜的5倍，苹果的10倍，桃的12倍。

芦笋含蛋白质1.62%～3.0%，其中含丰富的组蛋白。测定结果表明：芦笋中蛋白质的含量是白菜的3倍，番茄、黄瓜、桃的4倍，苹果、葡萄的8倍，梨的34倍。芦笋不但含有18种氨基酸，而且人体必需的8种氨基酸均有一定的含量，其中天冬氨酸含量最高，占氨基酸总含量的13.5%。天冬氨酸是一种很好的抗疲劳、恢复体力和增强体质的营养物质，也是当前许多营养保健食品的重要成分。

芦笋中除含有钾、磷、镁、钙、钠等大量元素外，还含有多种微量元素，如硒、钼、铬、锰等。人体生理代谢过程所需的15种矿质元素在芦笋中都有一定的含量。芦笋中钙的含量是苹果的4.5倍，番茄、桃的6倍，梨的10倍，葡萄的12.5倍；铁的含量是桃的10倍，番茄的18倍，白菜、葡萄的24倍，苹果、黄瓜的48倍；硒的含量丰富，高于猪肉、鸡肉，与蘑菇相当，仅低于猪肝、海鱼和海虾等。

另外芦笋中膳食纤维的含量很高，特别是可溶性膳食纤维，含量达到总膳食纤维的70%。芦笋中含有丰富的黄酮类化合物，主要是槲皮素、槲皮苷、香橼素、山奈酚和芦丁等，这些营养元素是防治心脑血管疾病、预防和治疗癌症的有效物质。

2. 芦笋的营养特点　芦笋营养非常丰富，是蛋白质、叶酸、维生素C和B族维生素、膳食纤维及钾、硒、磷、锌等元素的丰富来源。芦笋还含有大量能有效控制癌细胞生长、促进细胞生长正常化的物质，如芦丁、皂角甙、维生素E、天门冬氨酸、叶酸以及多种甾体皂甙物质，并且不含胆固醇和钠，是很好的抗氧化、防癌食品。与其他蔬菜作物相比，芦笋有以下几个特点：

一是芦笋营养具有“三高两低”的特点，即高维生素、高膳食纤维、高矿物质和低糖、低脂肪。芦笋中维生素含量很高，维生素C平均含量为41.4毫克/100克；维生素B_1为80～92.5毫克/100克；维生素A是胡萝卜的1.5倍，达到29400国际单位；维生素E为110～150微克/100克。

芦笋中膳食纤维的含量很高，约为1.0%，特别是可溶性膳食纤维，含量达到总膳食纤维的70%。芦笋中脂肪的含量很低，仅为0.13%。碳水化合物含量仅为1.62%～2.85%。芦笋的这一营养特点完全符合了现代营养学对保健食品提出的要求。在物质极大丰富的现代社会条件下，随着人民生活水平的提高，现代文明病——高血压、高血脂、糖尿病、心脑血管病、癌症等病症也不断增多，已成为威胁人类生命的主要杀手。改变饮食习惯，多吃"三高两低"食品，是提高国民健康水平、减少现代文明病的有效途径。

二是芦笋中所含蛋白质的氨基酸组成不仅含量高而且比例适当。芦笋中氨基酸含量高而且比例适当，易于被人体消化、吸收，是少有的植物性高质量完全蛋白质。芦笋蛋白质氨基酸的最突出特点是天门冬氨酸含量高达1.826%，占氨基酸总含量的13.23%。绿芦笋的氨基酸总量比其他蔬菜的平均值高27%。据北大生物系分析，芦笋中人体所需的8种必需氨基酸含量都很高，比其他90种蔬菜平均值高34.2%，在芦笋茎尖中为29.3微克／毫克，在芦笋汁中为890微克／毫克，在皮中为20.04微克／毫克。其中精氨酸与赖氨酸之比为1.06，营养学家认为二者比例接近1的食物有降低血脂的作用。

三是芦笋含有多种人体必需的大量元素和微量元素。芦笋富含多种矿质元素，如果每人每日吃200克鲜芦笋，可以获取相当于日需量7%～25%的矿质元素。而且芦笋中的矿质元素大多以有机态存在，有利于人体吸收。大量元素如钙（Ca）、磷（P）、镁（Mg）、钾（K）、铁（Fe）的含量都很高，特别是钾的含量在鲜笋中高达1704毫克/千克，在笋尖中钙的含量高达362毫克/千克。微量元素不像维生素那样能在体内合成，也不像常量元素那样能在体内贮存，它必须随着能量的消耗随时补充，每日摄取足够的、比例均衡的微量元素是身体健康的重要保证。芦笋嫩茎中不仅含有人体所需的微量元素，而且比例适当，比一般果蔬有更优越的微量元素谱，如锌（Zn）、铜（Cu）、锰（Mn）、钼（Mo）、碘（I）、硒（Se）、铬（Cr）等成分。

（二）芦笋的药用价值

芦笋的药用价值最早在《神农本草经》中就有记载，书中把野生芦笋——天门冬列为“上品之上”，仅次于人参。经过多年的药理研究和临床试验，科研人员发现芦笋有润肺、镇咳、祛痰、治肺热、治贫血、消除疲劳、镇痛、升高白细胞的作用，能有效治疗全身倦怠、食欲不振、蛋白质代谢障碍、肝功能障碍（肝硬化、急性或慢性肝炎等）、心力衰竭、心悸、糖尿病、结石症、膀胱炎、排尿困难等。科学家还发现芦笋含有特别丰富的组织蛋白、丰富的叶酸和核酸以及硒等微量元素，位列30种抗癌植物之首。芦笋含有的芦丁、芦笋皂甙是防治心脑血管疾病、预防和治疗癌症的有效物质。芦笋中

主要药用成分及作用如下：

1. 天门冬酰胺　芦笋根茎中含有大量的天门冬酰胺，其嫩茎中含量高达 1.826%，这在众多的动植物蛋白质来源中是极少有的。现代医学研究证明，它的这一特点对人体有许多特殊的生理作用，例如能利小便，对心脏病、水肿、肾炎、痛风等都有一定的效果，也是抗疲劳、增强体力的补品。天门冬酰胺静脉注射可引起血压下降、外周血管扩张、心收缩力增强、心率变慢和尿量增加。幽门结扎的大鼠口服天门冬酰胺时，能阻止口服乙酰水杨酸引起的胃黏膜损伤。动物试验表明，天门冬酰胺有明显的镇咳作用。在天门冬酰胺酶的作用下，天门冬酰胺与水反应生成天门冬酰胺酸和氨。天门冬酰胺酸及其盐类可增进人的体力，使人消除疲劳，并可用于治疗心脏病、神经痛、神经炎等疾病。起催化作用的天门冬酰胺酶已被公认可以治疗白血病和具有抗癌效果。

2. 槲皮黄酮　此成分具有较好的祛痰止咳作用，并有一定的平喘作用。此外还有降低血压、增强毛细血管弹性、降血脂、扩张冠状动脉增加冠脉血流量等作用。可用于治疗慢性支气管炎，对冠心病及高血压患者也有辅助治疗作用。

3. 皂角甙　芦笋皂角甙对多种癌细胞发育有抑制作用，对乳腺癌、前列腺癌、卵巢癌、结肠癌、肺癌、白血病有一定的治疗和预防作用。

4. 香豆素　口服250毫克／千克时，对正常和糖尿大白鼠有显著的降血糖作用。香豆素还能矫正异味，是矫臭剂，具有香兰素3倍的芳香气味。可做食品添加剂（香料）。香豆素还具有抗血液凝固的作用。香豆素类内酯能有效抗血小板凝集、抗血栓、护肝和调节睡眠。

5. 芦丁　又称维生素P。芦丁制剂能抑制血小板的聚集，有防止血栓形成的作用，临床上用于防治脑出血、高血压、视网膜出血、急性出血性肾炎。芦丁的衍生物三羟乙芸香甙，即维脑路通，临床用于治疗烧伤、关节炎及各种血管病。芦笋中的芦丁不但含量高，而且人体容易吸收。

6. 叶酸　叶酸能促进正常红细胞的形成，增进皮肤健康，维护神经系统、小肠、性器官及白细胞的正常发育，并可防止口腔黏膜溃疡。孕妇适量摄取叶酸更有利于胎儿神经细胞的发育，促进乳汁分泌。芦笋中含有非常丰富的叶酸，大约5根芦笋就含有100微克的叶酸，已经达到每日建议摄入量的1/4。

7. 硒　硒是一种良好的抗氧化剂，它能消除体内产生的各种自由基，抑制致癌物的活力并加速解毒，刺激机体免疫功能，促进抗体的形成，提高对癌症的抵抗力，并且对由汞、砷、镉引起的毒害作用有较强的抗性。芦笋中含有丰富的硒，绿芦笋的含硒量比一般蔬菜的含量高数倍甚至数十倍，达到富硒食品的水平。

8. 其他微量元素

(1) 锰 (Mn) 为维持生殖及神经系统功能所必需的微量元素，与发育关系密切，可改善脂肪代谢，降低胆固醇，也具有抗癌作用。芦笋茎尖含锰量大大高于一般果蔬。

(2) 锌 (Zn) 与机体发育关系密切，影响多种酶浓度及激素水平。芦笋茎尖中锌含量很高，尤以绿芦笋中最高。锌与铜比值 (Zn/Cu) 低时，对防治心血管系统疾病有利，芦笋茎尖的 Zn/Cu 为 3.66，笋皮的 Zn/Cu 为 2.9，这是有利于心血管系统健康的。锌能阻止肾脏对有害元素镉的吸收与积累，对于防治肾性高血压有利。另外，锌与镉之比 (Zn/Cd) 与血压有关，芦笋茎尖的 Zn/Cd 高达 415，笋皮中 Zn/Cd 更高达 511，都大大高于一般蔬菜与水果的平均值，有利于降低血压。

(3) 铬 (Cr) 为人体代谢所必需的微量元素，参与细胞膜上胰岛素的受体作用，缺铬则胰岛素不能发挥作用，影响糖和脂肪代谢的正常进行。铬对于防治动脉粥样硬化有利。在芦笋茎尖中，铬含量较高。

三、芦笋美食

（一）虾米拌芦笋

主料： 芦笋嫩尖300克，虾米20克。

调料： 食盐4克，花椒油15克，米醋20克，鸡精5克。

做法： 1. 精选鲜嫩芦笋尖300克洗净；

2. 炒锅放水加食盐烧开，放入芦笋焯水至透后过凉，控干水分，虾米20克放温水中泡透待用；

3. 盛器中放食盐、花椒油、米醋、鸡精、虾米调匀，再倒入芦笋，调匀入味装盘即可。

（二）芦笋蘸酱

主料： 芦笋 400 克。

调料： 黄豆酱 150 克。

做法： 1. 精选绿笋尖 400 克洗净，改十字花刀；

2. 盛器内倒纯净水，放冰箱里制成冰水；

3. 将改好刀的芦笋放入冰水浸泡 1 小时后控干水分装盘，用黄豆酱蘸食。

（三）油泼芦笋

主料：芦笋400克。

调料：食盐5克，花椒油15克，米醋15克。

做法：1. 将芦笋尖洗净，切薄片；

2. 炒锅放水烧开，放芦笋焯水后过凉，控干水分；

3. 放调料调匀，装盘即可。

（四）绿芦笋沙拉

主料：绿笋尖250克。

调料：沙拉酱100克，卡夫奇妙酱50克。

制法：1. 将嫩绿笋尖洗净，放冰水浸泡1小时控干水分；

2. 盛器内放沙拉酱、卡夫奇妙酱调匀，再加入笋尖拌匀装盘即可。

（五）拌三丝

主料： 白芦笋、胡萝卜丝、姜丝各适量。

调料： 盐、香油、味精、白糖、白醋、花椒油、胡椒粉各适量。

做法： 1. 将白笋洗净去老根，切成细丝，炒锅加水烧开，放入芦笋，略烫至芦笋变色后捞出，在冰水中保色，控去水分备用；

2. 姜洗净切丝，把切好的姜丝放入碗内，放盐少许拌匀，腌3分钟左右，控去水分待用；

3. 胡萝卜洗净切丝，把所有材料放在容器中；

4. 将白糖、醋、盐、味精、香油、花椒油、胡椒粉放入碗中调匀，倒入三丝中拌匀即可食用。

（六）辣根芦笋

1. 辣根白芦笋

主料： 白芦笋、火腿、鸡蛋各适量。

调料： 绿芥末、陈醋、盐、味精各少许。

做法： (1) 白芦笋切去老根洗净，切成斜片，放入沸水中轻焯一下，放入冰水中过凉后捞出；

(2) 把鸡蛋打散，煎成鸡蛋饼盛出，切成长条；

(3) 火腿切成长片；

(4) 将笋片、鸡蛋饼条、火腿片盛在盘中；

(5) 用小碗将芥末、醋、盐、味精调匀，倒入盘中拌匀即可。

2. 辣根绿芦笋

主料： 绿芦笋、鸡蛋、水发黑木耳各适量。

调料： 盐、醋、白糖、绿芥末各少许。

做法： (1) 在容器中将鸡蛋打散，锅内加少许油，油热后倒入蛋液，煎成鸡蛋饼盛出，切成条待用；

(2) 绿芦笋去老根洗净切成片，放入开水中轻烫一下，待变成翠绿色即捞出，放入冰水中过凉，控出水分；

(3) 水发木耳放入开水中略烫，立即捞出放凉，控出水分后切成丝；

(4) 把所有主料盛在容器中，再取一小碗加入醋、绿芥末、盐、白糖调匀倒入其中，拌匀后装盘即可。

（七）芦笋杂拌

主料： 绿芦笋、火腿、胡萝卜、水发黑木耳、姜各适量。

调料： 盐、生抽、白糖、食醋、鸡精、花椒油、麻油、蚝油各适量。

做法： 1. 绿笋去老根洗净，放入沸水中，当笋变翠绿即捞出，放入冰水中过凉，控去水分，切成3厘米的细条后待用；

2. 胡萝卜洗净，切成细条；

3. 姜去皮后切成细条、火腿切成细条备用；

4. 水发木耳择好洗净，在开水中烫后捞出，切成细条，将所有原料装盘；

5. 取一碗加入生抽、醋、糖、盐、鸡精、蚝油、花椒油、麻油调匀，倒入盘内拌匀即可。

（八）葱丝牛肉拌绿笋

主料： 绿芦笋、酱牛肉、葱白各适量。

调料： 青辣椒1个，盐、白胡椒粉、醋、味极鲜、香油各少许。

做法： 1. 绿芦笋去老根洗净，切成长条，放入沸水中，当笋变翠绿即捞出，在冰水中过凉，控去水分；

2. 将牛肉、青辣椒、葱段切成丝，和芦笋一起装盘；

3. 在一碗里加入醋、味极鲜、盐、白胡椒粉、香油调匀，倒入盘内拌匀即可。

（九）彩椒拌芦笋

主料： 白芦笋（或绿芦笋）300克，彩椒150克，熟芝麻10克。

调料： 食盐4克，鸡精8克，米醋20克，味极鲜15克，辣椒油15克，花椒油20克，白糖5克。

做法： 1. 芦笋去老皮切薄片，彩椒洗净切象眼薄片；

2. 炒锅放水加食盐烧开，放笋片、彩椒片焯水至透，捞出放冰水中过凉后控干水分待用；

3. 盛器中放食盐、鸡精、米醋、味极鲜、辣椒油、花椒油、白糖调匀，倒入笋片、彩椒片调拌均匀，最后撒熟芝麻即可。

（十）冰糖芦笋

主料： 白芦笋 150 克，绿芦笋 150 克，银耳 50 克，大枣 20 克。

调料： 冰纯净水 500 克，冰糖 100 克。

做法： 1. 精选白、绿芦笋去老皮洗净，切 1 厘米丁焯水至熟烂后过凉；

2. 银耳、大枣放温水中浸泡至透，洗净控干水分待用；

3. 盛器内倒纯净水，放冰糖溶解，放入加工好的笋丁、银耳、大枣，覆盖保鲜膜，放冰箱冰 1 小时后即可食用。

（十一）麻汁拌芦笋

主料： 绿芦笋300克。

调料： 米醋、麻汁、白糖、味极鲜、鸡精、香油各少许。

做法： 1. 将芦笋洗净，去老根，切寸段；

2. 炒锅置火上将水烧开，放食盐少许，然后倒入切好的笋段焯水，待颜色变绿后捞出过凉待用；

3. 盛器内放入麻汁、米醋、白糖、鸡精、味极鲜，与笋段调匀，淋香油装盘即可。

（十二）凉拌白笋罐头

主料： 白芦笋罐头2听。

调料： 陈醋30克，辣椒油15克，白糖20克，食盐8克。

做法： 1. 将白芦笋罐头取出；

2. 把陈醋、辣椒油、白糖、食盐放盛器内调匀，然后放入白笋，腌制20分钟后装盘。

（十三）芦笋拌黄花菜

主料： 嫩白笋尖200克，黄花菜200克。

调料： 蒜泥、米醋、葱油、花椒油、食盐、鸡精各少许。

做法： 1. 笋尖洗净切薄片；

2. 黄花菜掐心待用；

3. 炒锅倒水烧开，加食盐少许，将笋片、黄花菜焯水至透，然后冲水过凉挤干水分待用；

4. 盛器内放蒜泥、米醋、食盐、鸡精、葱油、花椒油调匀，加入笋段、黄花菜拌匀入味即可。

（十四）豆皮绿笋卷

主料： 细绿笋150克，豆腐皮3 张，韭菜100克，红尖椒50克。

调料： 味极鲜50克，盐少许。

做法： 1. 取绿笋尖切2厘米段洗净，放味极鲜腌制；

2. 细芦笋去老皮，切长条待用；

3. 韭菜、红尖椒洗净切条待用；

4. 将笋条、韭菜、红尖椒条放盛器内，用少许盐腌制片刻；

5. 用豆腐皮将芦笋条和韭菜、红尖椒条卷好，然后改象眼块装盘，配上腌好的笋尖即可。

（十五）炝绿芦笋

主料： 绿芦笋、龙口粉丝、火腿、水发黑木耳、水发海米各适量，鸡蛋1个。

调料： 盐、生抽、白糖、醋、味极鲜、蒜泥、香油各少许。

做法： 1. 粉丝放入开水中烫软后立即捞出，放入冰水中过凉后控去水分；

2. 在容器中将鸡蛋打散，起油锅煎成蛋饼后，改刀切条盛出；

3. 绿芦笋去老根洗净，切成5厘米左右的细长条，放入沸水中，当笋变翠绿捞出，在冰水中过凉，控去水分；

4. 将水发木耳在开水中略微烫一下捞出，切成宽丝；

5. 火腿切丝备用；

6. 将所有原料放在盆中，取一碗，加入蒜泥、生抽、盐、醋、糖、味极鲜、香油调匀，倒入盆中拌匀即可。

（十六）茄汁白芦笋

主料： 白笋尖200克。

调料： 番茄沙拉150克。

做法： 1. 精选白芦笋尖，洗净放冰水浸泡30分钟；

2. 取出白笋沥干水分，将番茄沙拉浇在上面即可。

（十七）清炒芦笋

主料： 芦笋400克。

调料： 食盐4克，味极鲜少许，鸡精4克，蒜片5片，湿淀粉适量，明油10克，花生油15克。

做法： 1. 芦笋洗净斜切寸段，焯水待用；

2. 炒锅置火上，加花生油将蒜片爆香，然后烹味极鲜，放笋段，加食盐、鸡精煸炒至原料入味，湿淀粉勾芡，淋明油出锅装盘即可。

（十八）绿笋海鲜饼

主料： 绿芦笋300克，鸡蛋2个，虾仁150克，鲜五花肉馅50克。

调料： 食盐5克，鸡精4克。

做法： 1. 绿芦笋洗净切2厘米长片，焯水待用；

2. 虾仁去沙线，反复剁细做成虾胶；

3. 盛器内放五花肉馅、虾胶，加鸡蛋浆好，再加入笋片、食盐、鸡精调匀，制成饼待用；

4. 放煎锅煎熟即可。

（十九）炸芦笋丸子

主料： 白芦笋400克，鲜五花肉馅120克。

调料： 食盐8克，鸡精5克，葱、姜末各少许，鸡蛋1个，干淀粉20克，花生油2000克。

做法： 1. 将白芦笋去老皮洗净，切丝待用；

2. 鲜五花肉馅放食盐、葱姜末、鸡蛋、鸡精、干淀粉浆好，加入白笋丝团成笋肉团；

3. 炒锅置火上，加入花生油烧至八成热，放入笋团炸至金黄色，控油装盘即可。

（二十）芦笋丸子汤

主料： 白芦笋400克，鸡蛋2个，鲜五花肉馅120克。

调料： 食盐6克，鸡精5克，香葱末、姜末各4克，干淀粉30克，高汤300克，花生油2000克。

做法：
1. 白笋去老皮洗净，切丝；
2. 五花肉馅加鸡蛋、葱姜末、食盐、干淀粉调味浆好，团成笋团；
3. 炒锅放花生油烧至八成热，将笋团拍粉拖蛋炸熟待用；
4. 另起锅放高汤，加入炸好的笋团炖5分钟，以鸡精调味装盘即可。

（二十一）辣椒炒绿笋

主料： 绿笋 400 克，干辣椒 100 克，鲜花椒 50 克。

调料： 味极鲜、鸡精、白糖各少许，花生油 10 克，蒜片 10 片。

做法： 1. 精选绿笋尖，切寸段焯水待用；

2. 炒锅置火上，放花生油，将蒜片、干辣椒、鲜花椒爆香；

3. 加笋段煸炒，烹味极鲜，加鸡精、白糖调味，翻炒入味装盘即可。

（二十二）鲜螺炒芦笋

主料： 芦笋200克，活海螺6只。

调料： 蒜片5片，鸡精5克，味极鲜、白醋各适量，花生油100克。

做法： 1. 将芦笋洗净切段或薄片焯水；

2. 活海螺砸破外壳取肉，用食盐、白醋搓洗后冲水，然后片薄片焯水，过凉后控水待用；

3. 炒锅置火上，倒入花生油，将蒜爆香，烹味极鲜、老陈醋，加入原料、鸡精煸炒入味后出锅。

（二十三）鸡蛋炒笋丁

主料： 绿芦笋 300 克，鸡蛋 5 个。

调料： 食盐 4 克，鸡精 8 克，花生油 15 克，葱榄 4 片。

做法： 1. 绿笋去老皮洗净，切 1 厘米丁，倒入沸水焯透后过凉待用；

2. 鸡蛋加食盐少许打匀；

3. 炒锅放花生油，加葱榄爆香；

4. 放绿笋丁煸炒，倒入蛋液，加食盐、鸡精调味，煎炒至熟即可。

（二十四）肉丝炒芦笋

主料： 芦笋300克，猪外脊150克，水发木耳5片，香菜少许，彩椒条适量。

调料： 食盐4克，鸡精3克，味极鲜、葱、姜各少许，鸡蛋1个，花生油、干淀粉各适量。

做法： 1. 将芦笋切5厘米细条状，焯水待用；

2. 冻猪外脊切肉丝，冲去血水，用干净笼布挤干水分，加入少许蛋清、干淀粉上浆，炒锅放花生油烧至四成热，倒入肉丝滑油；

3. 另起锅放花生油烧热，加葱姜爆香，烹味极鲜，放笋条、肉丝、木耳、香菜段、彩椒条、食盐、鸡精等煸炒至入味装盘即可。

（二十五）绿笋大虾

主料： 绿芦笋尖200克，海虾10只。

调料： 花生油适量，味极鲜、料酒、干辣椒段各少许，鸡精6克，高汤100克，蒜片5片。

做法： 1. 精选绿芦笋尖，洗净焯水；

2. 海虾开背去沙线；

3. 另起锅放宽油烧至油温八成热，倒入改好刀的海虾过油炸透待用；

4. 炒锅置火上放花生油，加入蒜片、干辣椒段爆香，烹料酒、味极鲜，倒入高汤、绿芦笋、海虾，加入鸡精调味，小火烧至汁浓味香装盘即可。

（二十六）蛋花芦笋羹

主料： 白芦笋、绿芦笋各120克，蛋清2个，胡萝卜、香菜末各适量。

调料： 食盐4克，鸡精3克，高汤400克，湿淀粉适量。

做法： 1. 芦笋去老皮洗净切丝，胡萝卜切丝；

2. 炒锅置火上，加入高汤，放芦笋丝、胡萝卜丝、食盐、鸡精调味，烧开后用湿淀粉勾芡，淋入蛋液装盘即可。

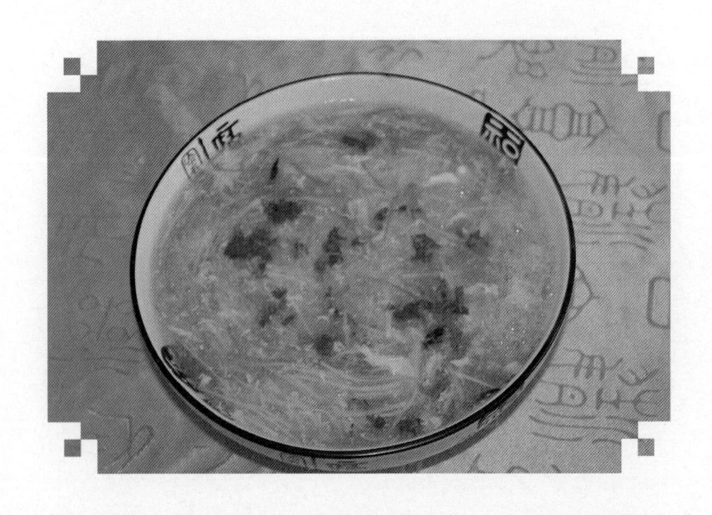

（二十七）干煸白笋

主料： 白芦笋200克，肉丁100克，彩椒丁适量。

调料： 味极鲜、干辣椒段、花椒、鸡精、蒜片各少许，花生油10克，辣椒油、花椒油各5克。

做法： 1. 白芦笋去老皮洗净，切1厘米丁；

2. 炒锅放水加食盐烧开，放笋丁、彩椒丁焯水，捞出控干水分待用；

3. 另起锅置火上，倒入花生油、蒜片、干辣椒段、花椒粒、肉丁爆香，加入笋丁、彩椒丁，以鸡精、味极鲜调味，煸炒后淋花椒油、辣椒油装盘即可。

（二十八）芦笋炖牛肉

主料： 白、绿芦笋尖各200克，生牛腱肉200克。

调料： 鸡精8克，食盐6克，草果2个，八角2个。

做法： 1. 白、绿芦笋洗净，切5厘米段待用；

2. 生牛腱肉切块，冲去血水后焯水至透待用；

3. 炒锅置火上，放清水，将牛肉、食盐、草果、八角放入煮至熟烂，加入白、绿笋后继续炖15分钟，鸡精调味即可。

（二十九）水蛋绿笋

主料： 芦笋150克，鸡蛋200克。

调料： 味极鲜、葱丝、辣椒丝、干辣椒段各少许，花生油15克。

做法： 1. 绿芦笋尖洗净，切薄片焯水待用；

2. 鸡蛋打匀放盛器内，入笼屉蒸至八成熟，加入笋尖继续蒸2~3分钟后取出；

3. 将葱丝、辣椒丝、干辣椒段放在蒸好的水蛋芦笋上，倒入味极鲜；

4. 另起锅将花生油烧至九成热，浇在菜品上即可。

（三十）火腿炒芦笋

主料： 绿笋尖300克，火腿100克。

调料： 蒜片10片，味极鲜少许，鸡精5克，花生油10克。

做法： 1. 绿笋尖洗净，切寸段；

2. 火腿切寸段；

3. 炒锅置火上，加水烧开，将笋段焯水后过凉，控干水分；

4. 另锅放花生油烧热，将蒜片爆香后烹味极鲜，加笋段、火腿段，以鸡精调味，煸炒至熟装盘即可。

（三十一）虾仁炒绿笋

主料： 绿笋尖 200 克，海虾 15 只。

调料： 鸡精 5 克，食盐 3 克，鸡蛋 1 个，干淀粉 20 克，湿淀粉适量，葱油 100 克。

做法： 1. 绿笋尖洗净切片，焯水待用；

2. 虾仁去沙线、开背，加蛋清、干淀粉适量搅匀，使其上浆，倒入四成热油中滑油至熟待用；

3. 另起锅倒入葱油，放笋片、虾仁煸炒入味后湿淀粉勾芡，加入鸡精、食盐调味，淋明油装盘即可。

（三十二）芦笋炖南瓜

主料： 绿芦笋 200 克，南瓜 200 克。

调料： 鸡精 7 克，食盐 5 克，高汤 500 克，葱、姜片各少许，八角 2 枚。

做法： 1. 精选绿笋尖洗净，切 4 厘米段；

2. 南瓜切 4 厘米条待用；

3. 炒锅加入高汤，放入笋尖、南瓜条、葱姜、八角、鸡精、食盐，炖熟至烂即可。

（三十三）香菇扒芦笋

主料： 绿芦笋 200 克，香菇 180 克。

调料： 鸡精 6 克，蚝油 5 克，花生油适量，老抽、湿淀粉、蒜片、葱花各少许，高汤 100 克，白糖 2 克。

做法： 1. 将绿笋尖洗净切 10 厘米段，焯水待用；

2. 香菇去根洗净焯水；

3. 炒锅置火上，放油、姜蒜片爆香，倒入笋段、鸡精煸炒入味装盘；

4. 另起油锅，放葱花爆香，再放入香菇、鸡精、蚝油、老抽、白糖、高汤烧制，淋湿淀粉勾芡，浇在炒好的绿笋上即可。

（三十四）绿笋爆鸡丁

主料： 绿笋 200 克，鸡胸肉 150 克。

调料： 郫县豆瓣酱 15 克，蚝油 5 克，白糖 3 克，鸡精 3 克，花生油 15 克，葱、姜、蒜末各少许，花椒油 10 克，鸡蛋 1 个，干淀粉适量。

做法： 1. 绿笋洗净去老皮，切 2 厘米段，沸水焯透后过凉控水；

2. 鸡胸肉切丁，冲水后挤干水分，加蛋清、干淀粉搅匀上浆待用；

3. 炒锅放花生油烧至四成热，倒入鸡丁将鸡丁滑熟后冲水待用；

4. 炒锅置火上倒入花生油烧热，将葱姜蒜末及郫县豆瓣酱爆香，后加入调料放笋丁、鸡胸肉丁，翻炒使其均匀入味即可出锅。

（三十五）绿笋烩豆腐

主料： 绿芦笋 200 克，卤水豆腐 150 克，五花肉片 100 克。

调料： 花生油 20 克，食盐 6 克，鸡精 10 克，葱、姜各 20 克，八角 2 枚，高汤 400 克。

做法： 1. 绿芦笋去老皮洗净切段；

2. 卤水豆腐切片待用；

3. 炒锅置火上加花生油烧热，放葱、姜、八角、五花肉爆香，放入高汤、绿笋、卤水豆腐炖熟，加食盐、鸡精调味即可。

（三十六）鸡心炒芦笋

主料： 绿芦笋200克，鸡心120克。

调料： 味极鲜少许，鸡精5克，干辣椒段少许，蒜片5片，花生油150克。

做法： 1. 绿笋洗净去老皮，切寸段，沸水焯透后过凉控水；

2. 鸡心改十字花刀，冲掉血水，沸水焯水至透；

3. 炒锅放花生油烧热，将干辣椒段、蒜片爆香，烹味极鲜，加入绿笋、鸡心、鸡精，大火煸炒入味装盘即可。

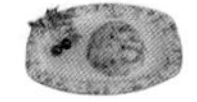

（三十七）芦笋鱼片

主料： 绿芦笋120克，黑鱼片80克，蛋清1个。

调料： 鸡精4克，食盐3克，湿淀粉适量，姜片4片，花生油10克，高汤少许。

做法： 1. 绿芦笋洗净，切滚刀片，沸水焯水后过凉控水；

2. 黑鱼片肉去皮，片薄片，冲去血水，加蛋清、湿淀粉上浆滑油；

3. 炒锅放花生油、姜片爆香，加高汤少许，鸡精、食盐调味，倒入原料烧制后湿淀粉勾芡出锅即可。

（三十八）海鲜烩芦笋

主料： 绿芦笋 15 克，活八爪鱼 1 只。

调料： 高汤 300 克，鸡精 8 克，食盐 4 克，花生油 100 克，葱、姜各少许。

做法： 1. 绿芦笋洗净去老皮，斜切片段；

2. 八爪鱼去内脏和牙，改刀，倒入沸水锅中焯水；

3. 炒锅置火上，放花生油将葱姜爆香，倒入高汤、鸡精、食盐调味，放绿笋、八爪鱼小火炖熟装盘即可。

（三十九）芦笋酸辣鱼

主料： 绿芦笋 200 克，活鲤鱼 1 条，鸡蛋 1 个。

调料： 郫县豆瓣酱、干辣椒段、花椒粒、食盐、干淀粉、葱姜蒜末各少许，花生油 100 克，鸡精 8 克，料酒 10 克，高汤 400 克。

做法： 1. 绿笋去老皮洗净，改刀切段；

2. 鲤鱼杀好去骨，片肉冲水待用，鱼头、鱼骨放一边；

3. 鱼肉加料酒腌制后，加食盐、干淀粉少许、蛋清 1 个搅匀上浆滑油待用；

4. 炒锅置火上，油烧热滑锅，再加入花生油烧至四成热，再倒入鱼片滑油至熟；

5. 另起锅放油烧热，将葱姜蒜末、豆瓣酱爆香，加入鱼头、鱼骨翻炒片刻，加入高汤、鸡精调味，放绿笋、鱼片小火炖熟至烂出锅装盘，最后另起锅将辣椒段、花椒粒炒香倒在上面即可。

（四十）芦笋炖鸡

主料：绿芦笋 200 克，宰好的土鸡 1 只（1500 克）。

调料：鸡精 8 克，食盐 8 克，生抽、葱姜、八角各少许。

做法：1. 绿笋尖洗净，切象眼片待用；

2. 宰好的土鸡斩块，冲去血水，炒锅置火上到水烧开，放土鸡焯水；

3. 砂锅倒水，放入鸡块、鸡精、食盐、生抽、葱姜、八角，大火烧开转小火炖熟至烂，再加入绿笋片，继续炖 15 分钟即可出锅。

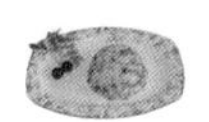

（四十一）白果炒芦笋

主料： 白芦笋 200 克，白果仁 100 克。

调料： 鸡精 5 克，食盐 4 克，花椒油 10 克，蒜油 100 克。

做法： 1. 白笋洗净，选笋尖切 5 厘米段；

2. 白果仁冲水泡透；

3. 烧开水放食盐少许，倒入笋段、白果仁焯水；

4. 炒锅置火上蒜油起锅，放入焯好笋段、白果仁大火煸炒，加鸡精、食盐调味，淋花椒油出锅即可。

（四十二）蟹黄芦笋

主料： 芦笋尖250克，蟹黄50克。

调料： 鸡精8克。

做法： 1. 选芦笋尖洗净，切5厘米段；

2. 冻蟹黄解冻待用；

3. 将芦笋加鸡精拌匀码盘后，撒蟹黄入笼屉蒸透即可。

（四十三）海鲜炒芦笋

主料： 芦笋200克，活八爪鱼1只，蛰头50克。

调料： 鸡精8克，蒜片6片，味极鲜少许，蒜油100克，花椒油10克。

做法： 1. 取芦笋切棱片，沸水焯熟；

2. 八爪鱼、蛰头改刀，焯水待用；

3. 炒锅置火上放蒜油烧热，烹味极鲜，倒入芦笋、八爪鱼、蒜片，加入鸡精调味，大火煸炒，最后淋花椒油出锅。

（四十四）芦笋烧鱼头

主料： 绿芦笋150克，胖头鱼头1个。

调料： 蚝油15克，食盐5克，味极鲜8克，干辣椒段10段，葱姜榄6片，八角2枚，鸡精5克，料酒少许，花生油20克，高汤600克。

做法： 1. 绿芦笋尖洗好，切5厘米段；

2. 鲜鱼头剁开洗净，加食盐、料酒抹匀腌制；

3. 炒锅置火上，倒入花生油烧热，将八角、葱姜爆香；

4. 放入鱼头略煎，再烹入料酒、味极鲜、蚝油，然后加入高汤、笋尖段、干辣椒段、鸡精、食盐；

5. 大火烧开转小火烧制，待其汁浓味足即可出锅。

（四十五）胡萝卜炒双笋

主料： 白、绿芦笋各150克，胡萝卜50克。

调料： 鸡精4克，花生油100克，蒜片5片，味极鲜、食盐各少许。

做法： 1. 白、绿芦笋去老皮洗净，切象眼片；

2. 胡萝卜去皮，切薄片；

3. 炒锅烧开水加食盐少许，放芦笋、胡萝卜焯水待用；

4. 另起锅放花生油，将蒜片爆香，烹味极鲜，倒入原料，以鸡精调味，大火煸炒至熟。

（四十六）绿笋炒羊肉

主料：绿笋尖200克，鲜羊肉100克。

调料：米醋、味极鲜各少许，鸡精6克，胡椒粉适量，葱榄5片，花生油100克，花椒油10克。

做法：1. 精选绿笋尖洗净，切寸段，沸水焯透后过凉；

2. 鲜羊肉切片，冲去血水后挤干水分待用；

3. 另起锅倒入花生油，将葱榄片爆香，加羊肉片煸炒，烹米醋、味极鲜，加入笋段大火煸炒后，放鸡精、胡椒粉调味；

4. 翻炒后淋花椒油，出锅装盘即可。

（四十七）青椒炒白笋

主料： 白芦笋尖200克，青椒150克。

调料： 花生油15克，鸡精8克，蒜片6片，食盐少许。

做法： 1. 白笋尖洗净切寸段；

2. 青椒洗净切条；

3. 炒锅烧开水放食盐少许，倒入笋段、青椒条焯水；

4. 另起锅放花生油烧热，将蒜片爆香，放入原料、鸡精煸炒入味即可。

（四十八）腊肉炒芦笋

主料： 绿笋尖200克，腊肉100克。

调料： 花生油100克，味极鲜6克，蚝油15克，鸡精8克，蒜片10片。

做法： 1. 绿笋尖洗净去老根切薄片，焯水过凉后控干水分；

2. 腊肉入笼屉蒸熟切片；

3. 炒锅置火上，放花生油烧热，将蒜片爆香烹入调料，倒入原料煸炒入味即可。

（四十九）五花肉炖笋丁

主料： 白芦笋、五花肉各适量。

调料： 葱、姜、盐、料酒、鸡精、白糖、花椒粒、花生油各适量。

做法： 1. 白芦笋切去老根洗净，切成1.5厘米左右的丁待用；

2. 将五花肉洗净，切成1.5厘米左右的丁，放入沸水中烫一下，捞出备用；

3. 将所有材料放入锅中，加入少许料酒、盐、油、白糖、鸡精、花椒粒、葱段、姜片，再加清水，水量要没过肉面；

4. 盖上盖子，大火开锅后转小火炖30分钟至肉软即可。

（五十）芦笋鸡蛋饼

主料： 芦笋、鸡蛋各适量。

调料： 盐、鸡精、白胡椒粉、花生油各适量。

做法： 1. 芦笋切去老根洗净，剁碎；

2. 在容器中将鸡蛋打散，加入剁好的芦笋碎，加盐、白胡椒粉、鸡精调匀；

3. 平底锅烧热，加入适量的油，油热至七八成时倒入蛋液；

4. 转动锅体，使蛋液铺满锅底，改至小火煎至两面金黄即可。

（五十一）百合炒绿笋

主料： 绿芦笋 200 克，鲜百合 1 包。

调料： 鸡精 8 克，花椒油 10 克，蒜片 5 片，食盐少许。

做法： 1. 选绿笋尖洗净切薄片；

2. 袋装鲜百合剥去老皮，一片一片剥开洗净；

3. 炒锅烧开水，加食盐少许，将笋片、百合烫透后过凉待用；

4. 另起油锅将蒜片爆香，倒入笋片、百合煸炒，加鸡精翻炒入味，淋花椒油即可。

（五十二）番茄鸡蛋炒白笋

主料： 鸡蛋、白笋、番茄各适量。

调料： 葱、蒜、盐、食用油、鸡精各适量。

做法： 1. 鸡蛋打入碗里调匀；

2. 炒锅置火上倒油烧热，晃动一下锅体，倒入蛋液炒好后盛在碗里；

3. 白笋切去老根洗净，切成薄片待用；

4. 番茄洗净切块，盛在碗中；

5. 锅中倒油，放入葱、蒜炒香，放入切好的番茄块翻炒，待番茄变软后加入芦笋片继续翻炒，然后加少许盐，再加入炒好的鸡蛋，加鸡精少许，翻炒一下即可出锅。

（五十三）芦笋鸡蛋汤

主料： 白芦笋、鸡蛋各适量。

调料： 油、盐、葱、胡椒粉、香油、鸡精各少许。

做法： 1. 白笋切去老根洗净，剁碎待用；

2. 鸡蛋打散备用；

3. 起油锅，葱花爆香，放入切碎的芦笋翻炒一下，倒入适量开水，放少许盐；

4. 开锅煮沸后，围着锅边倒入蛋液，等鸡蛋结花后关火，撒胡椒粉、鸡精，淋香油出锅即可。

（五十四）鲜笋鲍菇小炒

主料： 绿芦笋300克，杏鲍菇150克。

调料： 食盐5克，味极鲜、蚝油各少许，鸡精5克，蒜片5片，花生油、蒜油各适量。

做法： 1. 绿芦笋去老皮洗净，切寸段，焯水捞出待用；

2. 杏鲍菇切寸段，过油炸至金黄色；

3. 炒锅置火上，放花生油烧热，将蒜片爆香后烹入味极鲜、蚝油，再放入芦笋、杏鲍菇煸炒片刻，加入食盐、鸡精翻炒入味，最后淋蒜油出锅装盘。

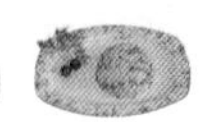

（五十五）芦笋炖排骨

主料： 白、绿芦笋各 200 克，鲜肋排 150 克。

调料： 鸡精 8 克，食盐 6 克，葱、姜、八角各少许。

做法： 1. 芦笋去老皮切段待用；

2. 鲜肋排斩寸段冲血水，炒锅烧开水将其焯水；

3. 砂锅置火上，放水、肋排、鸡精、食盐、葱姜、八角，大火烧开后转小火，肋排煲烂后再放入芦笋段继续炖 20 分钟即可。

（五十六）木耳炒白笋

主料： 白芦笋200克，泡好的木耳100克。

调料： 食盐5克，鸡精6克，味极鲜8克，葱蒜料油10克，花生油10克，蒜片5片。

做法： 1. 白芦笋洗净切片；

2. 木耳洗净择好；

3. 炒锅放水烧开，将白芦笋与木耳焯水至透；

4. 炒锅置火上，放花生油，将蒜片爆香，放入白笋、木耳，加调料煸炒3分钟，淋葱蒜料油出锅即可。

（五十七）番茄炒绿笋

主料： 绿芦笋250克，番茄1个。

调料： 味极鲜8克，蚝油6克，鸡精4克，白糖少许，蒜片10片，花生油150克。

做法： 1. 绿芦笋洗净去老皮，切寸段；

2. 番茄去心取皮切条；

3. 沸水中加食盐少许，将笋段、番茄条焯水后过凉控干水分待用；

4. 炒锅置火上，倒花生油烧热，加蒜片爆香，加入原料及调料煸炒入味即可。

（五十八）鲜笋老鸡煲

主料： 白、绿芦笋各100克，老鸡1只。

调料： 大枣5枚，葱姜片、盐、当归各少许，八角2枚，鸡精8克，水1500克。

做法： 1. 白、绿芦笋尖洗净，切寸段；

2. 老鸡斩小块，冲去血水，焯水待用；

3. 大枣用水泡透；

4. 砂锅煲置火上，倒水后放入老鸡、大枣、葱姜片、盐、当归、八角、鸡精，大火烧开后转小火煲制45分钟，加白、绿芦笋继续煲至原料熟烂可口、汤汁浓郁即可。

（五十九）蒜茸芦笋

主料： 芦笋 400 克。

调料： 食盐 3 克，鸡精 2 克，花生油 100 克，蒜茸 3 克。

做法： 1. 芦笋洗净，去老皮切薄片；

2. 炒锅烧开水加食盐少许，倒入笋片焯水待用；

3. 另起锅置火上，倒入花生油，将蒜茸炒至金黄色，放笋片、食盐、鸡精，煸炒入味出锅即可。

（六十）茭白炒绿笋

主料： 绿芦笋200克，茭白100克。

调料： 味极鲜少许，鸡精5克，蒜片6片，花生油100克。

做法： 1. 绿笋洗净，切象眼块；

2. 茭白去皮，切象眼块；

3. 炒锅烧开水，倒入芦笋、茭白焯透；

4. 炒锅放花生油烧热，将蒜片爆香，烹味极鲜，倒入原料，鸡精调味，煸炒片刻即可。

（六十一）炸芦笋

主料： 芦笋 250 克。

调料： 食盐 4 克，脆炸粉 1 袋，花生油 1500 克。

做法： 1. 选嫩笋尖洗净，切 8 厘米段，放食盐腌制；

2. 盛器内将脆炸粉倒入，加适量水调好脆炸糊，倒入腌好的芦笋调匀待用；

3. 炒锅倒入花生油烧至八成热，放入芦笋炸至金黄色装盘即可。

（六十二）银耳炒绿笋

主料： 绿笋尖 200 克，银耳 100 克。

调料： 味极鲜 5 克，鸡精 3 克，花生油 100 克，蒜片 5 片。

做法： 1. 绿笋洗净切斜块；

2. 银耳放盛器内加水发透，去根择成小块；

3. 炒锅烧开水，倒入笋块、银耳块焯水，过凉控干水分待用；

4. 炒锅置火上，倒入花生油，将蒜片爆香，烹入味极鲜，加入原料，鸡精调味，大火煸炒片刻即可。

（六十三）牛鞭炒笋尖

主料： 绿笋尖 250 克，牛鞭 250 克。

调料： 蚝油 4 克，味极鲜 2 克，鸡精 2 克，大蒜油 100 克，湿淀粉少许。

做法： 1. 选绿芦笋尖切 2 厘米段；

2. 牛鞭洗净焯水，放高压锅煮 15 分钟，捞出改花刀待用；

3. 炒锅烧开水，倒入笋段、牛鞭花焯水；

4. 另起锅放蒜油，烹蚝油、味极鲜，倒入原料煸炒，加入鸡精调味，淋湿淀粉勾芡即可。

（六十四）肉末炒笋丁

主料： 白笋200克，五彩椒丁50克，肉末100克，荷叶饼10个。

调料： 老干妈酱5克，鸡精3克，蚝油3克，花生油100克。

做法： 1. 挑选粗细均匀的白笋洗净、切丁、焯水；

2. 彩椒洗净、切丁、焯水；

3. 另起锅倒花生油，将老干妈酱爆香，加肉末煸炒后加入原料，加鸡精、蚝油调味，翻炒片刻出锅，带荷叶饼装盘。

（六十五）土豆片炒绿笋

主料： 绿芦笋尖 150 克，土豆 120 克。

调料： 花生油 100 克，蒜片 5 片，鸡精 10 克，耗油 4 克，味极鲜 4 克，食盐少许。

做法： 1. 选绿笋尖洗净切片；

2. 土豆去皮，切薄象眼片，冲去淀粉；

3. 炒锅烧开水加食盐少许，将笋片与土豆片倒入焯水至透，捞出控水待用；

4. 炒锅置火上，倒入花生油，将蒜片爆香，烹味极鲜、蚝油，加笋片、土豆片煸炒片刻，再放入鸡精翻炒入味。

（六十六）鲜笋豆豉爆藕条

主料： 绿芦笋尖150克，藕120克。

调料： 豆豉6克，味极鲜少许，鸡精3克，葱油15克。

做法： 1. 绿笋尖洗净，切象眼片；

2. 藕去皮洗净，切4厘米条；

3. 炒锅置火上，烧开水，倒入笋片、藕条焯水；

4. 另起锅葱油烧热，将豆豉炒香，烹味极鲜后放入原料煸炒，鸡精调味，出锅装盘即可。

（六十七）鲜笋乳鸽煲

主料： 绿芦笋（或白芦笋）150 克，乳鸽 2 只，枸杞 10 克。

调料： 葱 5 克，姜 5 克，食盐 6 克，鸡精 8 克，八角 2 枚。

制法： 1. 将芦笋洗净切段；

2. 活乳鸽宰杀洗净，焯水待用；

3. 砂锅加水烧开，放乳鸽、枸杞、葱、姜、八角，开锅后放笋段、食盐，转小火煲 30 分钟至笋煲熟烂，放入鸡精即可。

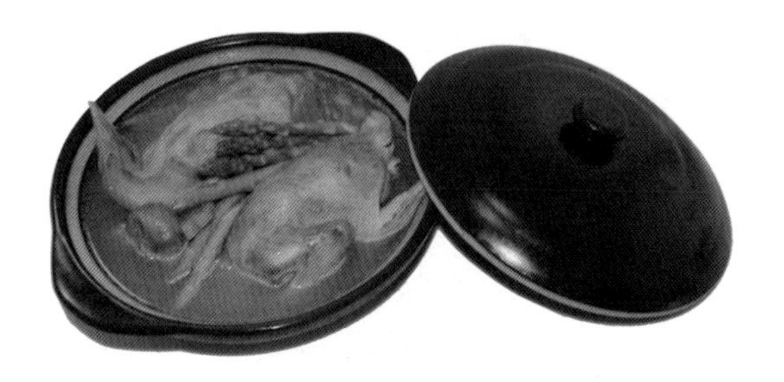

（六十八）干煸绿笋

主料： 绿芦笋200克，肉丁100克，彩椒丁适量。

调料： 味极鲜、干辣椒段、花椒粒、鸡精、食盐各适量，蒜片5片，花生油10克，辣椒油5克，花椒油5克。

做法： 1. 芦笋去老皮洗净，切1.5厘米的象眼片；

2. 炒锅放水加食盐烧开，放笋片、彩椒丁焯水后捞出，控干水分待用；

3. 另起锅置火上，倒入花生油、蒜片、干辣椒段、花椒粒、肉丁爆香，加入笋片、彩椒丁，鸡精、味极鲜调味，煸炒后淋花椒油、辣椒油装盘即可。

（六十九）双笋炒彩椒

主料： 白、绿芦笋尖各250克，五彩椒100克。

调料： 鸡精4克，蚝油3克，食盐3克，花生油100克，蒜片6片，味极鲜适量。

做法： 1. 将白、绿芦笋洗净，切象眼片；

2. 彩椒洗净，切象眼片；

3. 炒锅置火上烧开水，放食盐少许，再加入白、绿芦笋片和彩椒片焯水；

4. 另起锅倒花生油烧热，将蒜片爆香，烹入味极鲜，放主料、蚝油、食盐、鸡精煸炒至熟即可。

（七十）芦笋百合汤

主料： 白、绿芦笋各200克，鲜百合2包。

调料： 高汤1000克，鸡精8克，食盐4克，胡椒粉少许。

做法： 1. 白、绿芦笋洗净去老皮，切薄片；

2. 袋装鲜百合取出剥去第一层，把里面的鲜百合一片一片剥开洗净；

3. 炒锅置火上，倒入高汤，加入原料，放鸡精、食盐、胡椒粉调味，小火炖至熟烂爽口，即可装盘。

（七十一）鸡胸肉炒绿笋

主料： 绿芦笋 150 克，鸡胸肉 100 克。

调料： 大红袍干辣椒 5 个，味极鲜 8 克，鸡精 2 克，花椒油 8 克，花生油 150 克，蒜片 5 片，鸡蛋 1 个，干淀粉适量，食盐少许。

做法： 1. 绿芦笋洗净、去老皮，切片焯水；

2. 鸡胸片薄片，加蛋清、干淀粉、食盐少许上浆；

3. 将油温烧至四成热，倒入上好浆的鸡胸滑油待用；

4. 炒锅置火上，倒花生油烧热，将蒜片、干辣椒爆香，加入调料、主料及配料煸炒片刻，淋花椒油出锅装盘即可。

（七十二）山药炒芦笋

主料： 芦笋250克，山药200克，胡萝卜50克。

调料： 盐、鸡精、胡椒粉、白醋、花生油、蒜片各适量。

做法： 1. 芦笋、山药、胡萝卜分别洗净、去皮，切5厘米长条；

2. 炒锅置火上倒水烧开，放食盐适量，再放入山药、绿笋、胡萝卜焯水待用；

3. 另起锅倒入花生油烧热，将蒜片爆香，放入原料，烹白醋，再加入食盐、鸡精、胡椒粉翻炒入味即可出锅。

（七十三）芦笋炖鹅

主料： 芦笋200克，宰好的笨鹅1只（1500克）。

调料： 葱、姜、八角、盐各适量，鸡精8克。

做法： 1. 将芦笋洗净、去老皮，切寸段；

2. 宰好的笨鹅斩小块，冲掉血水；

3. 炒锅置火上倒水烧开，放鹅块焯水后用凉水洗净；

4. 砂锅放火上，加水后放鹅块、葱、姜、盐、八角，待鹅炖烂后再加入芦笋继续炖15分钟，放鸡精调味即可。

（七十四）白萝卜烩芦笋

主料： 白、绿芦笋各250克，白萝卜200克。

调料： 食盐、鸡精、八角、葱、姜、高汤各适量。

做法： 1. 白、绿芦笋洗净、去老根，切寸段；

2. 白萝卜洗净，切5厘米长条；

3. 炒锅置火上，倒入高汤烧开，加入笋段、白萝卜段、八角、葱姜小火炖制，然后加入食盐、鸡精，炖至原料熟烂、汤汁适中即可。

（七十五）鲍汁芦笋

主料： 白、绿芦笋各50克，鲍鱼1只，瘦肉末100克。

调料： 阿一鲍汁200克，鸡精10克，高汤、花生油各适量。

做法： 1. 白、绿笋尖洗净，切6厘米段；

2. 活鲍鱼杀好，背面改十字花；

3. 炒锅烧开水，将白、绿芦笋段和鲍鱼焯水；

4. 砂锅放火上，倒入高汤，加焯熟的白、绿芦笋和鲍鱼煨3分钟，以鸡精调味，捞出装盘；

5. 另起锅将花生油烧热，倒入肉末炒香，再加入鲍汁慢火熬稠，浇在装好盘的主、配料上即可。

（七十六）山珍烩芦笋

主料： 白、绿芦笋各 200 克，鲜杂菌 150 克。

调料： 干菌角 200 克，鸡精 10 克，食盐 4 克。

做法： 1. 将嫩白、绿芦笋尖洗净切丝；

2. 鲜菌切丝；

3. 将干菌角泡透，然后炒锅置火上放水烧开，放入菌角慢火熬制 10 分钟制成菌角汤，用笼布滤去残渣待用；

4. 砂锅置火上，倒入菌角汤，放入笋丝、菌丝、鸡精、食盐，小火煲 15 分钟即可。

（七十七）鲜笋烧刺参

主料： 绿笋尖50克，刺参1只，肉末30克。

调料： 鸡精4克，蚝油10克，味极鲜、鸡汁、葱末各适量，花生油100克，高汤200克。

做法： 1. 绿笋尖洗净，切8厘米段，沸水焯透；

2. 发好的刺参去内脏洗净，放在高汤中慢火煨制10分钟使其入味；

3. 炒锅置火上，倒入花生油烧热，放葱花爆锅，再倒入肉末炒香，然后烹味极鲜，加蚝油、鸡汁、鸡精、高汤，再放入笋段、刺参烧制片刻，待到汁浓味足即可出锅装盘。

（七十八）芦笋炒冬瓜

主料： 绿芦笋400克，冬瓜1个。

调料： 花生油、鸡精、食盐、蒜片各适量。

做法： 1. 绿芦笋洗净、去老根，切寸段；

2. 冬瓜去皮切条；

3. 炒锅置火上将水烧开，加食盐少许，倒入笋段、冬瓜条焯水；

4. 另起锅倒花生油烧热，加蒜片爆香，加入笋段、冬瓜条煸炒片刻，然后加入鸡精、食盐继续翻炒至原料入味即可。

（七十九）芦笋炖猪蹄

主料： 白、绿芦笋各150克，猪蹄1个。

调料： 蚝油、味极鲜、白糖、鸡精各适量。

做法： 1. 白、绿芦笋尖洗净，切寸段待用；

2. 生猪蹄洗净，斩小块，焯水待用；

3. 高压锅置火上，倒入猪蹄，按比例（5000克猪蹄：500克蚝油：350克味极鲜：250克白糖）加入调料，开锅后小火炖10分钟；

4. 将炖熟的猪蹄块倒入煲仔中，加入笋段，小火将原料煲熟入味至烂，以鸡精调味即可。

（八十）清炒双笋尖

主料： 白、绿芦笋尖各500克。

调料： 鸡精8克，花生油15克，盐、葱末各少许。

做法： 1. 精选白、绿芦笋尖洗净，切2厘米段；

2. 炒锅置火上，加水及少许食盐，烧开后倒入白、绿芦笋焯水至透，捞出控干；

3. 另起锅加花生油烧热，将葱爆香，倒入白、绿芦笋尖，盐、鸡精调味，翻炒入味装盘即可。

（八十一）清蒸笋鲈鱼

主料： 绿笋200克，鲜活鲈鱼1条。

调料： 鸡精、料酒、食盐、湿淀粉、葱、姜各适量。

做法： 1. 绿笋洗净、去老根，切6厘米段；

2. 活鲈鱼宰杀后去内脏洗净，两面改刀；

3. 将绿笋放鱼池盘内垫底，再把鲈鱼放在上面，将料酒、鸡精、食盐均匀撒在鱼上，最后放几片葱、姜，入笼屉开锅蒸15分钟取出；

4. 另起锅把鱼池盘内汤汁倒出，加湿淀粉勾薄芡后浇在鱼上面即可。

（八十二）芦笋炒南瓜

主料： 白、绿芦笋各150克，老南瓜1个。

调料： 花生油、蚝油、味极鲜、鸡精、食盐、蒜片各适量。

做法： 1. 将白、绿芦笋洗净、去老根，切寸段；

2. 老南瓜去皮切条；

3. 炒锅置火上将水烧开，加食盐少许，倒入笋段、南瓜条焯水；

4. 另起锅倒花生油烧热，加蒜片爆香，烹入味极鲜、蚝油，再倒入笋段、南瓜条煸炒片刻，然后加入鸡精、食盐继续翻炒至原料入味即可。

（八十三）炒三色芦笋

主料： 白芦笋 200 克，绿芦笋 200 克，紫芦笋 200 克。

调料： 味极鲜、蚝油、鸡精、花生油、花椒油、食盐、蒜片各适量。

做法： 1. 将嫩白、绿、紫芦笋洗净、去老根，切薄片；

2. 烧开水后加食盐少许，将笋片焯水；

3. 另起锅放花生油烧热，蒜片爆锅，烹入味极鲜、蚝油、鸡精，再加入笋片翻炒入味后淋花椒油即可。

（八十四）芦笋剁椒肥牛

主料： 绿芦笋300克，肥牛250克。

调料： 剁椒酱、辣鲜露、蚝油、鸡精、鸡粉、野山椒末、蒜末、花椒、干辣椒段、熟芝麻、花生油各适量。

做法： 1. 绿笋洗净、去老根，切段；

2. 肥牛片焯水；

3. 将剁椒酱、辣鲜露、蚝油、鸡精、鸡粉、野山椒末放盛器内调匀待用；

4. 在锅仔底放绿笋段后再把肥牛片放在上面，加入调好的酱料，入笼屉蒸10分钟取出，放蒜末、花椒粒、辣椒段、熟芝麻；

5. 另起锅倒花生油烧热，浇在肥牛上即可。

（八十五）花生米炒芦笋

主料： 绿芦笋300克，花生米150克。

调料： 花生油、老陈醋、味极鲜、鸡精、蒜片、花椒油各适量。

做法： 1. 绿芦笋洗净、去老根，切段；

2. 花生米炸熟；

3. 烧沸水将笋段焯水；

4. 另起锅倒花生油烧热，将蒜片爆香，然后烹入味极鲜、老陈醋，再加入笋段、花生米翻炒片刻，放入鸡精调味，继续翻炒至匀后淋花椒油即可。

（八十六）芦笋百合炒鸡片

主料： 绿芦笋300克，鲜百合1包，鸡胸肉150克，生鸡蛋1个。

调料： 鸡精、食盐、蒜片、花椒油、花生油、干淀粉各适量。

做法： 1. 嫩芦笋去根洗净，切薄片；

2. 将鸡胸肉片薄片，加蛋清和食盐、干淀粉各少许，搅匀上浆待用；

3. 炒锅置火上，倒宽油烧至六成热，放入鸡胸滑油至熟，捞出冲水；

4. 另起锅放花生油烧热，加蒜片爆香，放入笋片煸炒片刻，再加入鸡胸、鸡精翻炒至原料入味，撒上鲜百合，最后淋花椒油即可。

（八十七）芦笋肉卷

主料： 白芦笋 300 克，培根肉 15 片。

调料： 蚝油、味极鲜、烧汁、鸡精、白糖各适量。

做法： 1. 白芦笋去老根洗净，选尖；

2. 培根肉片斩段待用；

3. 用培根肉将笋尖卷好，码入碗中；

4. 盛器内放蚝油、味极鲜、烧汁、鸡精、白糖各少许调成汁，浇在码好的笋肉卷上，然后入笼蒸 15 分钟即可；

5. 将蒸好的笋肉卷取出，控出汤汁待用，然后扣入盘中；

6. 另起锅把控出的汤汁勾芡、打明油，浇在盘中菜品上即可。

（八十八）猪心炒芦笋

主料： 绿芦笋 300 克，生猪心 1 个。

调料： 食用油、味极鲜、蚝油、鸡精、干淀粉、蒜片各适量，鸡蛋 1 个。

做法： 1. 绿芦笋去老根、洗净，切段；

2. 生猪心切片，加蛋清、淀粉上浆；

3. 炒锅放宽油烧至六成热，放入猪心滑油至熟待用；

4. 另起锅，锅底放油烧热，将蒜片爆香，烹味极鲜、蚝油，后加入笋段、猪心煸炒，再加入鸡精翻炒入味即可。

（八十九）干贝扒芦笋

主料： 绿笋尖 300 克，干贝适量。

调料： 明油、鸡精、湿淀粉各适量。

做法： 1. 选绿笋尖洗净，切 15 厘米段；

2. 干贝放温水中泡透；

3. 笋尖放入盘中码好，再将干贝放在码好的笋尖上，撒上鸡精，入笼屉蒸 6 分钟取出；

4. 炒锅置火上，将蒸干贝、芦笋的汤汁倒出，加湿淀粉勾薄芡，再淋明油浇在菜品上即可。

（九十）芦笋炒坚果

主料： 绿芦笋300克，腰果、松子各适量。

调料： 食用油、鸡精、花椒油、蒜片。

做法： 1. 绿笋去老根、洗净，切薄片，倒入沸水锅中焯水，待颜色变绿时捞出过凉控水；

2. 炒锅置火上，倒油烧至六成热，倒入腰果、松子炸熟捞出待用；

3. 另起锅倒油少许烧热，将蒜片爆香，倒入笋片、腰果、松子，加鸡精调味翻炒片刻，最后淋花椒油出锅装盘即可。

（九十一）绿芦笋炒米饭

主料： 绿芦笋、鸡蛋、火腿、胡萝卜各适量，凉米饭1碗。

调料： 油、盐、白胡椒粉各适量。

做法： 1. 芦笋、胡萝卜洗净切成小丁，火腿切丁；

2. 鸡蛋打散，入锅炒熟盛出；

3. 锅内倒少许油，油热后加入笋丁、胡萝卜丁、火腿丁翻炒半分钟，再加入米饭继续翻炒；

4. 把米饭炒散后加入炒好的鸡蛋，再加入白胡椒粉、盐调味即可。

（九十二）芦笋水饺

1. 绿芦笋猪肉水饺

主料： 绿芦笋、面粉、新鲜猪肉馅各适量。

调料： 植物油、料酒、盐、酱油、鸡精(味精)、葱、姜各适量。

做法： (1) 先将面和好，加盖醒30分钟；

(2) 将鲜芦笋洗净、去老皮，水中加盐煮开，放入芦笋，略烫至芦笋变成深绿色后捞出，在凉水中保色，控去水分后剁成碎馅，有汤的话可轻微挤一挤，以防包饺子时渗出；

(3) 将葱、姜剁成细末待用；

(4) 调肉馅：把剁好的葱末、姜末、味精、料酒、酱油、植物油等调料放入肉馅后，用筷子朝一个方向搅动，调匀后，再放入剁好的芦笋馅继续搅拌均匀待用；

(5) 把醒好的面团做成剂子，擀成面皮，放入调好的馅，捏在一起即可；

(6) 将锅置火上加水烧开后，放入包好的饺子，煮至饺子浮出，加凉水反复2次，便可捞出食用。

2. 白芦笋猪肉水饺

主料： 白芦笋、新鲜猪肉馅、面粉、水发木耳、韭菜各适量。

调料： 食用油、盐、料酒、酱油、味精、葱、姜各适量。

做法： (1) 先将面和好，放入面盆中，加盖醒30分钟；

(2) 将白芦笋洗净、去老皮，锅中加水烧开，放入白芦笋，等变软后捞出，放入凉水中过凉，控去水分后剁成碎馅，有汤的话可轻微挤一挤；

(3) 将韭菜、木耳切碎，葱、姜剁成细末待用；

(4) 把剁好的葱末、姜末、料酒、酱油、味精、食用油等调料放入肉馅中，用筷子朝一个方向搅动，调匀后再放入剁好的白笋馅、木耳继续搅拌，然后放韭菜拌匀，最后放盐拌匀待用；

(5) 把和好的面团做成面皮，放入馅，捏在一起即可；

(6) 煮饺子水烧开后，放入包好的饺子，煮至饺子浮出，加凉水反复2次，便可捞出食用。

（九十三）芦笋水煎包

主料： 面粉、酵母粉、泡打粉、芦笋、肉馅、温水各适量。

调料： 葱、姜、油、盐、酱油、味精、花椒水、水、淀粉各适量。

做法： 1. 面粉、酵母粉、泡打粉各适量加温水和成面团，盖上盖子，放在温暖处醒发，待面团变成原来的2倍大；

2. 芦笋去老根洗净，放在沸水中焯一下，当芦笋变色后捞出，放入冰水中过凉，捞出剁成细碎；

3. 肉馅中依次加入花椒水、酱油、味精、盐，并朝一个方向搅拌，把葱、姜剁碎和芦笋细碎一起加入到肉馅中，然后加入油和适量的盐调匀即可；

4. 把饧好的面团，搓成粗条后分成相同大小的剂子，把剂子擀成圆形面皮，包成包子；

5. 平底锅中放油，油热后摆入煎包，稍微煎半分钟后加入半碗水淀粉，马上盖上锅盖，中火，期间转动锅体，听到滋滋的声音后转为小火，煎至金黄熟透。

（九十四）芦笋合子

主料： 芦笋、韭菜、鸡蛋、面粉、清水、水发木耳各适量。

调料： 油、盐、胡椒粉、味精、虾皮各适量。

做法： 1. 面粉中加适量清水和成面团，醒置15分钟；

2. 绿芦笋去老根洗净切碎，沥干水分，韭菜择洗干净后沥干水分切碎。

3. 鸡蛋打散，入锅炒熟备用，水发木耳切碎；

4. 将所有材料放入盆中，加入油、胡椒粉、味精、盐、虾皮搅拌均匀；

5. 醒好的面团揉均匀，分成等量小面团，取一份擀成圆饼状，放入馅料，放在饼的一边，然后面皮对折过来，边缘按紧，取一碗将多余的面割掉；

6. 平底锅稍倒油，放入芦笋盒子，煎至两面金黄即可。

（九十五）芦笋馄饨

主料： 馄饨皮、芦笋、猪肉馅各适量。

调料： 油、盐、鸡精、香油、紫菜、虾皮、香菜末、葱末、白胡椒粉、生抽、料酒各适量。

做法：

1. 肉馅中加入料酒、白胡椒粉、盐、生抽，再加一些清水朝一个方向搅拌均匀；
2. 芦笋洗净，放入沸水中焯一下，在冰水中过凉捞出，剁成细碎，稍去水分；
3. 将芦笋细碎加入肉馅中，再加入油、鸡精和少许盐拌匀；
4. 取一张面皮，把一点肉馅放在馄饨皮中央，对折捏拢，周边涂上一些清水捏紧，让馄饨看起来像个元宝，依次包完；
5. 按个人口味，碗里放虾皮、紫菜、香菜末、葱末、香油、生抽；
6. 锅中水烧开，下馄饨，水开后馄饨漂起来，煮半分钟就可以捞到汤碗里食用。

（九十六）芦笋包子

主料： 芦笋、猪肉馅、面粉、酵母粉、温水各适量。

调料： 油、盐、酱油、料酒、葱、姜、味精、香油、白糖各适量。

做法： 1. 面粉和酵母粉混合加温水，揉成面团，用保鲜膜封好发酵；

2. 芦笋去老根洗净，放入开水中烫至变软捞出，在冰水中过凉，捞出后剁碎；

3. 肉馅中依次加入酱油、料酒、白糖、油、精盐、香油、味精，再将葱、姜剁碎加在里面，朝一个方向搅拌均匀；

4. 将剁好的芦笋加入后继续搅拌均匀；

5. 把面团揉成等量的剂子，并擀成圆皮包成包子；

6. 锅内水烧开后，把包子摆在笼屉上，蒸20分钟即可。

（九十七）芦笋蒸饺

主料： 面粉、猪肉馅、芦笋、热水（80℃左右）各适量。

调料： 葱、姜、盐、植物油、料酒、酱油、鸡精各适量。

做法：

1. 面粉盛在容器中，加热水用筷子搅成雪片状，再淋一些凉水和成面团；
2. 芦笋去老根洗净，放入沸水中大约2分钟后捞出，放入冰水中过凉，捞出后剁成碎末，去水分待用；
3. 葱、姜剁成细末，放入肉馅中，再加上料酒、酱油、鸡精，朝一个方向搅打起胶，然后加入芦笋碎末、油和盐搅拌均匀即可；
4. 将和好的面搓成长条、切成剂子，擀皮包成饺子，皮稍厚一些；
5. 锅内加水，笼屉上的布沾水，不要太干，摆上包好的饺子，锅内水烧开后8分钟即可。

（九十八）芦笋锅贴

主料： 面粉、芦笋、肉馅、清水各适量。

调料： 盐、油、生抽、味精、蚝油、姜汁、白胡椒粉、醋各适量。

做法： 1. 取一面盆，倒入面粉慢慢加清水，边加边用筷子搅拌，揉成面团，盖上面盆饧发 15 分钟；

2. 肉馅中加入姜汁、生抽、蚝油、白胡椒粉，然后顺着一个方向搅拌起胶为止；

3. 芦笋去老根洗净，放入沸水中变色捞起，在冰水中过凉，捞出控干剁碎，稍去水分后加到肉馅中，用油、盐、味精调味拌匀；

4. 取一面团，揉成长条，用刀切成相等大的面剂子，擀成皮包成大饺子，不要捏褶；

5. 取一平底锅置火上，锅中放入底油，摆上生锅贴，小火煎出焦底，淋入面粉醋水（ 面 ：水 ：醋 = 1 ：15 ：0.5），一次加水至约 1/3 处，盖上锅盖，直至锅底水分蒸发，形成脆皮、脆底即可出锅。

（九十九）芦笋馒头

主料：芦笋粉、面粉、温水各适量。

调料：发酵粉适量，牛奶1袋。

做法：1. 将发酵粉倒入牛奶中，搅拌使其混合后静置5分钟，按一定比例将面粉和芦笋粉放入盆中，逐渐加入调好的牛奶和发酵粉，搅拌面粉呈絮状；

2. 揉成面团，放在盆中，用保鲜膜盖上，放置在温暖处发酵至2倍大；

3. 发好的面团在面板上反复揉光滑，改刀切成等量的剂子，用手来回搓揉，整成圆形馒头状；

4. 蒸锅内铺上潮湿的笼屉布，将馒头生坯放入，留出距离，盖好锅盖，再次让它醒发20分钟；

5. 凉水上锅，大火烧开后转中火蒸25分钟，关火后放置3~5分钟，再打开盖子拾出馒头即可。

（一〇〇）芦笋凉面

主料： 绿芦笋面条（干）、胡萝卜、黄瓜各适量。

调料： 芝麻酱、蒜泥、味极鲜、白糖、醋、香油、虾皮、香椿、花椒油、盐各适量。

做法： 1. 锅内加水煮开，将芦笋干面条下锅煮至八成熟，捞出过凉开水，放凉备用；

2. 芝麻酱用凉开水调开，加入蒜泥、白糖、醋、花椒油、味极鲜、盐、香油调成汁；

3. 胡萝卜、黄瓜切成细丝，香椿切末；

4. 将已放凉的面条盛入碗中，加入胡萝卜丝、黄瓜丝、虾皮、香椿末及调料汁，混合拌匀后即可食用。

主要参考文献

1. 叶劲松．芦笋的食疗与食谱[M]. 北京：台海出版社，2005.
2. 陈光宇．芦笋无公害生产技术[M]. 北京：中国农业出版社，2005.
3. 中国烹饪百科全书编委会．中国烹饪百科全书[M]. 北京：中国大百科全书出版社，1995.